Mohammed KOUIDRI
Kaouthar Chettfour

Problemática da oliveira cultivada no sul do atlas do Sara (Laghouat)

Mohammed KOUIDRI
Kaouthar Chettfour

Problemática da oliveira cultivada no sul do atlas do Sara (Laghouat)

Doenças e pragas em alguns pomares

Imprint
Any brand names and product names mentioned in this book are subject to trademark, brand or patent protection and are trademarks or registered trademarks of their respective holders. The use of brand names, product names, common names, trade names, product descriptions etc. even without a particular marking in this work is in no way to be construed to mean that such names may be regarded as unrestricted in respect of trademark and brand protection legislation and could thus be used by anyone.

Cover image: www.ingimage.com

This book is a translation from the original published under ISBN 978-620-2-26955-1.

Publisher:
Sciencia Scripts
is a trademark of
Dodo Books Indian Ocean Ltd. and OmniScriptum S.R.L publishing group

120 High Road, East Finchley, London, N2 9ED, United Kingdom
Str. Armeneasca 28/1, office 1, Chisinau MD-2012, Republic of Moldova, Europe
Managing Directors: Ieva Konstantinova, Victoria Ursu
info@omniscriptum.com

Printed at: see last page
ISBN: 978-620-8-39402-8

ÍNDICE

INTRODUÇÃO 2

CAPÍTULO 1 4

CAPÍTULO 2 13

CAPÍTULO 3 19

CAPÍTULO 4 35

CAPÍTULO 5 46

CONCLUSÃO 51

REFERÊNCIAS 52

INTRODUÇÃO

A olivicultura (Olea europaea, L.) é uma das actividades mais antigas e mais difundidas nas zonas áridas e semi-áridas da bacia mediterrânica, principalmente devido à sua grande adaptabilidade às condições de défice hídrico e ao seu valor nutritivo (Connor e Fereres, 2004; Fernández, 2014). O governo argelino introduziu um plano nacional de olivicultura (PNO) em 2000, cujo objetivo era aumentar a extensão dos olivais (Argenson, 2008). No entanto, o sucesso desta iniciativa foi dificultado por problemas de controlo e manutenção. Atualmente, a oliveira sofre de uma série de problemas que afectam tanto a sua produção como o seu número (El Hadrami e Nezha, 2001), sendo os mais importantes as condições edafoclimáticas (salinidade, seca e assoreamento) (Loussert e Brousse, 1978), as doenças bacterianas (Assawah e Ayat, 1985), as doenças fúngicas (Bellahcene, 2004; Bellahcenne et al, 2005a, Bellahcenne et al, 2005b), olho de pavão (Guechi e Girre, 2002) e, sobretudo, um certo número de pragas: cochonilha negra (Loussert e Brousse, 1978), mosca da azeitona (Gaouar, 1996), traça da azeitona (Gaouar, 1996) e estorninho europeu (Sturnus sturnus) (Bellatrèche, 1986; Rahmouni-Berrai, 2009). No mesmo contexto, outros trabalhos importantes incluem os de Al Ahmed e Al Hamidi (1984), Alford (1994), Guario e La Notte (1997), Alvarado (1999), Coutin (2003) e Duriez (2001). O nosso principal objetivo é analisar o estado atual de saúde de um dos projectos pioneiros lançados na região sul de Laghouat, nomeadamente a plantação de oliveiras Bennacer Ben Chohra. Este projeto, lançado em 2007, sofre de uma série de problemas que impedem o bom desenvolvimento das suas árvores. Tentámos identificar os problemas e as principais pragas que podem ser observadas durante o período da primavera. A primeira parte é uma revisão da literatura sobre a oliveira, os seus inimigos e a metodologia adoptada durante este estudo. A segunda parte diz respeito aos resultados obtidos, que serão depois discutidos à luz da literatura disponível sobre as espécies em estudo. O trabalho termina com uma conclusão e perspectivas.

PARTE 1
RESUMO BIBLIOGRÁFICO

CAPÍTULO 1
INFORMAÇÕES GERAIS SOBRE A OLIVEIRA

Este capítulo trata do estudo bibliográfico da oliveira, seguido do estudo de algumas das pragas que causam danos a esta árvore.

1. Bibliografia sobre a oliveira

O estudo bibliográfico da oliveira abrange a sua história, sistemática, caraterísticas, necessidades, variedades e distribuição no mundo e na Argélia.

1.1. História

Segundo Henry (2003), os historiadores e arqueólogos não são unânimes quanto ao país de origem da oliveira, mas esta árvore encontrou, sem dúvida, condições naturais no Mediterrâneo, condicionantes climáticas, às quais se adaptou perfeitamente, pelo que a expansão da oliveira está ligada ao estabelecimento do clima mediterrânico. O clima mediterrânico evoluiu progressivamente desde o ano 10 000 a.C., tendo a oliveira começado por se estabelecer no Mediterrâneo oriental, para depois se espalhar, ao longo de vários milénios, para oeste e norte da bacia mediterrânica (Amouretti e Comet, 2000). Há indícios que remontam ao quarto milénio a.C. e, segundo alguns, a 10 000 anos atrás (Artaud, 2008). Esta espécie é originária da Ásia Menor ou de Creta. Os primeiros vestígios desta árvore datam de 37.000 a.C., em folhas fossilizadas descobertas nas ilhas de Santorini, na Grécia (Henry, 2003). Estudos biológicos mostram que a oliveira selvagem existia no Sara cerca de 11 000 anos antes da nossa era. As análises mais recentes dos pólenes de várias árvores de folha caduca e dominantes parecem mostrar que esta mudança climática se desenvolveu por volta de 8000 anos a.C., no sudeste de Espanha, deslocando-se lentamente para norte. Já em 3000 a.C., a oliveira era cultivada no Egito, na Síria, na Palestina e na Fenícia (Henry, 2003). Por volta de 1600 a.C., os fenícios difundiram a oliveira na Grécia. A partir do século VI a.C., o seu cultivo estendeu-se a toda a

4

bacia mediterrânica, passando pela Líbia, Tunísia, Sicília e depois Itália. Durante as suas conquistas, os romanos continuaram a difundir a oliveira em todos os países da costa mediterrânica (Henry, 2003).

1.2. Sistemática

De acordo com Iguergaziz (2012), a sistemática da oliveira é a seguinte: Reino: Plantae

Filo: Spermaphytes

Subfilo: Angiospérmicas Classe: Magnoliopsida (Dicotiledóneas) Subclasse: Asterídeos

Ordem: Srophulariales Família: Oleaceae Género: Olea

Espécies: Olea europaea (Linné, 1753)

1.3. Caraterísticas da oliveira

As caraterísticas morfológicas da oliveira, segundo Sekour (2012), distinguem-se normalmente por um tronco curto, casca escura e profundamente fissurada, rugosa e tortuosa, e uma cabeça larga e ramificada que pode atingir até 4 a 5 metros (Foto 1).

Foto 1: Oliveira no pomar de estudo (original)

De acordo com Loussert e Brousse (1978), as folhas da oliveira são inteiras e lanceoladas, dispostas nos ramos com um pecíolo curto. Como todas as Oleaceae, são opostas. As folhas são perenes, com uma duração média de 2 a 3 anos. O seu tamanho varia entre 3 e 8 cm de comprimento e 1 a 2,5 cm de largura, consoante a variedade. Segundo Henry (2003), as flores da oliveira são pequenas e de cor branca, formadas por uma flor tetramérica (quatro pétalas), um cálice oval, dois estames de filamentos muito curtos e um ovário arredondado que apresenta um estilete, este ovário contém dois óvulos. De acordo com Djadoun (2011), o fruto da oliveira é muito rico em lípidos e tem forma ovoide, com 2 a 4 cm de comprimento. O seu sistema radicular é muito denso, pelo que está firmemente ancorado no solo e pode resistir ao vento, à seca e à erosão. Por vezes, apresenta grandes protuberâncias, que são reservas que lhe permitem fazer face às variações climáticas (Artaud, 2008). Para desempenhar estas funções da melhor forma possível, o sistema radicular necessita de um grande volume de solo para explorar, contendo oxigénio, água e nutrientes assimiláveis (COI, 2007). De acordo com Kasraoui (2010), o aspeto final do sistema radicular depende das caraterísticas físico-químicas do solo e da profundidade da textura e da estrutura.

1.3.1. Ciclo de desenvolvimento da oliveira

De acordo com Loussert e Brousse (1978), a oliveira passa por quatro fases, a primeira das quais é o período juvenil, que se estende da sementeira à primeira floração, durante um período de 4 a 9 anos. A planta juvenil distingue-se pela sua morfologia. Tem um hábito de crescimento muito arbustivo, numerosos ramos com ramificações antecipadas mais ou menos curtas e folhas pequenas e largas. O segundo é o período de produção, que dura de 12 a 50 anos, durante o qual começa a produzir, continuando a crescer. O terceiro é o período adulto, que dura de 50 a 150 anos, quando a árvore está completamente madura e produzindo abundantemente. Finalmente, há o período de senescência, depois dos 150 anos, quando o tronco começa a ficar oco, a árvore perde parte da casca e a produção diminui.

1.3.2. Ciclo vegetativo anual

De acordo com Loussert e Brousse (1978), o repouso invernal estende-se de novembro a fevereiro. Nesta fase, o gomo terminal e os olhos axilares estão em repouso vegetativo. A primavera desperta entre março e abril, com o aparecimento de novos rebentos terminais e a abertura dos botões axilares. A floração ocorre entre maio e junho, com a formação de cachos de flores, seguida do vingamento dos frutos jovens, e depois do alargamento do fruto, que atinge 8 a 10 cm de comprimento. Em outubro, os frutos amadurecem e são enriquecidos com óleo.

1.3.3. Requisitos da oliveira

De acordo com Labaali (2009), a oliveira teme a humidade, mas suporta secas excepcionais (aplicação de trinta a quarenta litros de água, uma ou duas vezes em julho e agosto, e apenas no primeiro ano após a plantação e 450 e 600 mm/ano, a produção é possível desde que o solo tenha capacidade de retenção de água, etc.). ou a densidade da plantação é menor). A humidade elevada, o granizo e as geadas primaveris são factores desfavoráveis à floração e à frutificação.

De acordo com Boutkhil (2012), as zonas onde as oliveiras estão mais disseminadas caracterizam-se por invernos suaves, com temperaturas raramente inferiores a 0o C e verões secos com temperaturas elevadas.

De acordo com Duriez (2004), as exigências edáficas mostram que o sistema radicular da oliveira se estende preferencialmente nos primeiros 50 a 70 cm de solo, podendo as raízes atingir uma profundidade de até um metro para procurar água adicional. Por este motivo, o solo deve ser adaptado em termos de textura, estrutura e composição a uma profundidade de pelo menos um metro. Loussert e Brousse (1978) referem que os solos mais adequados para a oliveira são os que se caracterizam por um equilíbrio entre areia, silte e argila. Os solos predominantemente arenosos têm uma baixa capacidade de retenção de água e de minerais, mas permitem um bom arejamento do terreno e são uma vantagem para as oliveiras quando há disponibilidade de água, desde que seja efectuada uma fertilização adequada para satisfazer as necessidades nutricionais em termos de elementos minerais. As quantidades de argila não devem ser excessivas, pois podem constituir um obstáculo à circulação do ar e ao movimento do solo. De acordo com Gazeau (2012), a oliveira prefere solos relativamente pobres a solos muito férteis. Não deve ser plantada em solos muito férteis e profundos. O objetivo de uma fertilização óptima da oliveira é obter uma colheita regular, um bom desenvolvimento vegetativo e uma boa resistência ao frio no inverno.

A densidade e o espaçamento são outras escolhas importantes que são condicionadas pela variedade, solo e clima. Para a mesma densidade, o espaçamento quadrado ou quase quadrado deu melhores resultados do que o espaçamento retangular (CIHEAM, 1988). O mesmo autor salienta que, para determinar a densidade de plantação, é necessário ter em conta o desenvolvimento final da árvore e o seu ritmo de crescimento. A distância de plantação deve permitir que a folhagem capte o máximo d e energia solar, sem sombreamento mútuo entre árvores vizinhas. Na olivicultura, a distância entre as árvores na linha varia entre 5 e 7 m, consoante a variedade (COI, 2007).

1.3.4. Variedades de oliveiras cultivadas em todo o mundo

De acordo com Loussert e Brousse (1978), as variedades dominantes a nível mundial são as que se encontram na Tunísia sob a forma de azeitonas de azeite (Chemlali e Chetoui) e de azeitonas de mesa (Marsaline). Outras variedades encontram-se em Espanha, sob a forma de azeitonas de azeite (Hajiblanca e Verdal) e de azeitonas de mesa (Manzanille e Gordal-sevillana). Em Itália, encontramos a azeitona de azeite (Moraiolo e Leccino) e a azeitona de mesa (Ascolona Tenera e Santa Caterina).

1.3.5. Variedades de azeitona cultivadas na Argélia

De acordo com Iguergaziz (2012), as variedades de azeitona de azeite da Cabília são a Chemlal, a Limli e a Bouchouk. De acordo com Loussert e Brousse (1978), a azeitona de mesa é a Sigoise, a Adjeraz ou a Azeradj. Foram introduzidas outras variedades, como a espanhola Corncabra e a francesa Verbal.

1.3.6. Superfície e produção oleícola mundial

O património olivícola atual está estimado em cerca de 1 000 milhões de árvores que ocupam uma superfície de 10 milhões de hectares, 98% dos quais se situam na bacia mediterrânica, 1,2% no continente americano, 0,4% na Ásia Oriental e 0,4% nos países do Oceano Pacífico. A Argélia, país mediterrânico com um clima propício à cultura da oliveira, ocupa o lugar de maior produtor mundial de azeite, depois de Espanha, Itália, Grécia e Tunísia, respetivamente (IOC, 2015) (Fig.1).

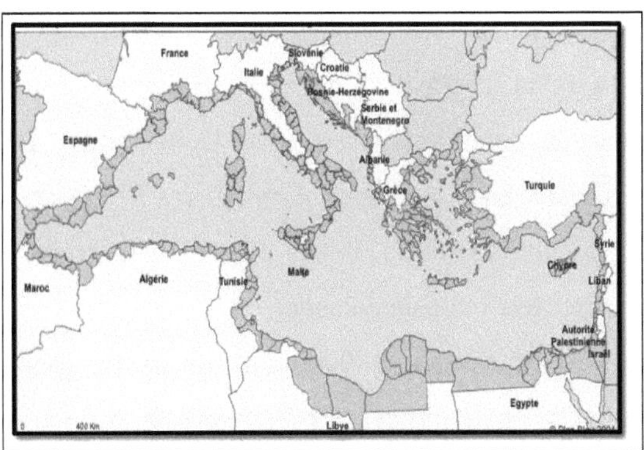

Figura 1: Distribuição natural da oliveira a nível mundial

1.3.7. Distribuição das oliveiras na Argélia

Na Argélia, existem cerca de 281 000 ha de olivais, aos quais se juntam 110 000 ha que entraram progressivamente em produção desde 2007 (MADRP, 2013)

(Fig. 2).

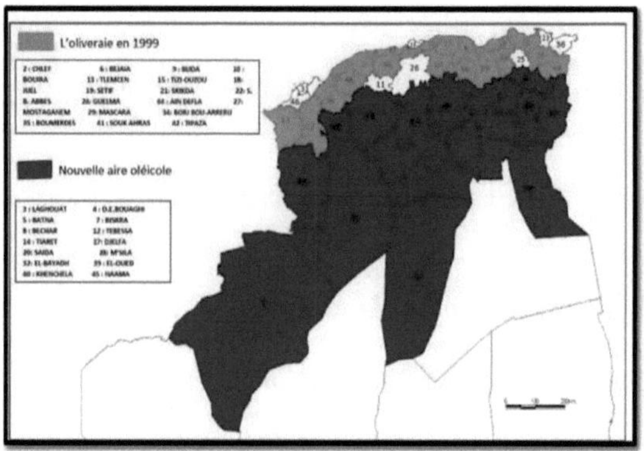

Figura 2: Mapa oleícola da Argélia (ITAFV, 2008).

O olival argelino está repartido por três grandes zonas oleícolas, representando a região ocidental 31 400 ha, distribuídos por 5 wilayas (Tlemcen, Ain Temouchent, Mascara, Sidi Bel Abbes e Relizane). Esta zona ocidental representa 16,4 do olival nacional. A região central abrange uma superfície de 110 200 ha, repartida pelas wilayas de Ain Defla, Blida, Boumerdès, Tizi Ouzou, Bouira e Bejaia. Esta zona central representa 57,5% do olival nacional. A região central da Cabília (Bouira, Bejaia e Tizi Ouzou) representa, por si só, cerca de 44% da superfície oleícola nacional.

A região oriental é constituída por 49 900 ha de olivais, representando 26,1% do total nacional, repartidos pelas wilayas de Jijel, Skikda, Mila e Guelma (Sekour, 2012). A gama de variedades autorizadas para produção e multiplicação, segundo o Centre national de contrôle et certification des semences et plants, abrange um total de 46 variedades de azeitona; no entanto, as variedades mais multiplicadas durante a época 2015/2016 limitaram-se a apenas 14 variedades. As variedades em causa são, de acordo com (CNCC, 2015): Sigoise; Chemlal; Azeraj; Tefah; Manzanille; Aberquina

Sevillane; Ferkani; Belgentieroise; Bouchouk Soummam; Blanquette de Guelma; Rougette; Hamra; Grosse du Hamma.

1.3.8. Exigências edafoclimáticas das oliveiras

1.3.8.1. Requisitos climáticos

a) Temperatura

A oliveira cresce em países de clima mediterrânico, onde as temperaturas variam entre 16 e 22°C (temperatura média anual). Gosta de luz e calor, tolera muito bem as temperaturas elevadas, mesmo numa atmosfera seca, e não tem medo da insolação (Tahraoui, 2017). Segundo Boutkhil (2012), as zonas onde a oliveira está mais presente caracterizam-se por invernos suaves, com temperaturas raramente inferiores a 0°C e verões secos com temperaturas elevadas. A oliveira também teme o frio, e as temperaturas negativas podem ser perigosas, nomeadamente se ocorrerem na altura da floração (Hannachi et al., 2007).

b) Precipitação

As chuvas de inverno permitem que o solo armazene reservas de água. As chuvas de outono, em setembro e outubro, favorecem o crescimento e a maturação dos frutos. A pluviosidade não deve ser inferior a 220 mm por ano (Benrachou, 2013), um valor baixo que mostra que a oliveira tolera bem a seca. De facto, contenta-se com uma pluviosidade fraca, a mais baixa de todas as espécies frutícolas. O período de 15 de julho a 30 de setembro é muito importante para o desenvolvimento dos frutos. Se este período for demasiado seco, os frutos caem prematuramente e o rendimento é consideravelmente reduzido. É por isso que a irrigação é por vezes necessária para evitar este acidente (Benrachou, 2013).

1.3.8.2. Requisitos do solo

A oliveira não tem exigências particulares em termos de qualidade do solo. Tem a reputação de se contentar com um solo pobre, quer seja argiloso ou, pelo contrário, leve ou pedregoso, mas deve ser suficientemente profundo para permitir que as raízes nutram a árvore explorando um volume suficiente de terra. A oliveira não gosta de solos demasiado húmidos. O solo deve ter um teor elevado de azoto (Hannachi et al., 2007).

CAPÍTULO 2
OS INIMIGOS DA OLIVEIRA

2.1. Principais doenças da oliveira

Existem 2 tipos de doenças: abióticas e bióticas:

2.1.1. Doenças de origem abiótica

Existem várias doenças de origem abiótica nas oliveiras (Tab. 1):

Quadro 1: Diferentes tipos de problemas que afectam as oliveiras (Saad, 2009)

Tipo incidentes	Factores favorável	Manifestação dos sintomas
Acidentes climáticos	Gel Queimaduras provocadas pelo sol	Queda das folhas; necrose da casca jovem, infeção parasitária. Danos nas plantações jovens, nos tecidos dos troncos e nos carpinteiros
Acidentes climáticos	Neve intensa Saudações Ventos fortes	Quebra da folhagem aquando da colheita dos frutos, quebra e lesões da casca jovem, propagação da tuberculose. Quebra de carpintaria, colheita reduzida
Asfixia radicular	Solos com demasiada humidade e argila	Amarelecimento (clorose), desfoliação, paragem do crescimento vegetativo, queda precoce dos frutos
Clorose alimentar	Deficiências dos elementos Indispensáveis (azoto, calcário e iões Cl - e Na+	Perturbações fisiológicas graves nas plantas

2.1.2. Doenças de origem biótica

A oliveira, tal como outras árvores de fruto, é frequentemente atacada por uma multiplicidade de bioagressores (Bellahcene, 2004), incluindo 110 espécies de insectos, 100 espécies de nemátodos, 90 espécies de fungos, 13 espécies de aracnídeos, 13 vírus, 5 espécies de bactérias, 4 musgos, 3 líquenes e 3 angiospérmicas (Faustino de Andres, 1965; Sasanelli, 2009). 11 nemátodos, 110 insectos, 13 aracnídeos, 5 aves e 4 mamíferos (Maillard, 1975 in Gaouar, 1996). É também o habitat de uma fauna muito variada, incluindo espécies herbívoras que podem causar danos significativos, tanto em termos de quantidade como de qualidade (Rahmani, 1999).

2.1.2.1. Doenças virais da oliveira

No que diz respeito às doenças virais, a maioria dos vírus, com exceção dos criptovírus, estão associados a danos mais ou menos graves nas plantas que parasitam, resultando em perdas quantitativas e/ou qualitativas das culturas (Clara et al., 1997). A variedade Manzanillo cultivada na Palestina foi afetada por um vírus da esferose (Lavee e Tanne, 1984). Em Itália, Savino e Gallitelli (1983) mostraram que um vírus que ataca as cerejas também provoca o enrolamento das folhas nas oliveiras. Outros autores referiram sintomas virais em culturas de oliveira na Grécia (Barba, 1993; Kyriakopoulos, 1993). Existem ainda outras doenças com elevada capacidade de resposta e que afectam a oliveira, tais como :

2.1.2.2. Sarna da oliveira (olho de pavão) (Cycloconium Oleaginu Cast.)

Esta é a doença mais conhecida da oliveira. Para além dos países mediterrânicos, encontra-se na África do Sul, na Eritreia, nos Estados Unidos e no Chile. É quase exclusivamente parasita de Olea europaea, embora alguns autores tenham relatado ataques de uma estirpe do parasita aos géneros Phyllirea e Ligustrum (Guechi e Girre, 2002) (Foto 2-G).

2.1.2.3. Murchidão da oliveira (Verticillium dahliae Kleb.)

Este agente patogénico está muito disseminado, atacando um grande número de espécies, tanto lenhosas como herbáceas. Nas oliveiras, foi descrito pela primeira vez em Itália em 1946 e foi observado em vários países da bacia mediterrânica, nomeadamente em Espanha, França, Grécia e Turquia, mas também na Ásia Menor, na Síria e nos Estados Unidos (Califórnia) (Bellahcene, 2004; Bellahcene et al., 2005a, 2005b) (Foto 2-F).

2.1.2.4. Cancro bacteriano da oliveira :

Trata-se de uma doença infecciosa causada por uma bactéria, a P. savastanoi, que foi assinalada pela primeira vez no século 4^{éme} pelo grego Teofrasto. O agente patogénico parece ter-se disseminado com as plantas da oliveira (Olea europaea subsp. europaea) e depois espalhou-se por muitas regiões do mundo. Esta bactéria foi isolada por Luigi Savastanoi (Bradbury, 1986). O nome atual é Pseudomonas syringae pv. savastanoi (Gardan et al., 1992). Esta bactéria é considerada como o único agente patogénico responsável pela formação de nós bacterianos (necrose) na azeitona (Philippe, 2007).

2.1.2.5. Fumagínia (Capnodium ssp.; Alternaria ssp.):

A fumagina ou "negrume da azeitona" é uma doença transmitida por diversos fungos que se desenvolvem nas substâncias açucaradas da melada segregada pelos insectos sugadores de seiva (cochonilha negra da oliveira, psilídeo). As folhas ficam cobertas por uma espécie de poeira negra semelhante à fuligem, que impede a árvore de respirar e a condena à morte por asfixia (Foto 2-H).

2.1.2.6. Cercosporiose da oliveira:

Em 1944, a doença foi descrita pela primeira vez na América. Em 1968, surgiu uma epidemia de Cercosporiose nas oliveiras, sendo o agente patogénico atribuído a Mycocentrospora cladosporioides na Grécia (Freeman et al. al., 1998; Agosteo et al., 2000). A cercosporiose pode causar danos graves, nomeadamente nas regiões quentes de verão da Europa, e a doença reduz os rendimentos. Outras espécies são pragas da oliveira, tais como:

2.1.2.7. Mosca da azeitona (Dacus oleae) :

Segundo o I.N.P.V. (2009) a mosca da azeitona Dacus oleae é a praga mais preocupante para os olivicultores, causando danos nos frutos que podem atingir 30% de frutos danificados e inutilizáveis. Os ataques da mosca levam também à deterioração da qualidade do azeite, provocando um aumento da acidez (Foto 2-B).

2.1.2.8. Traça da azeitona (Prays oleae) :

De acordo com Jardak et al (2000), a traça é a primeira praga importante a ser observada sob as folhas das oliveiras em março. Esta praga pode causar perdas significativas nas culturas. O reconhecimento desta praga é essencial para garantir um controlo adequado e eficaz (Foto 2-D).

2.1.2.9. Escama negra da oliveira (Saissetia oleae) :

De acordo com Loussert e Brousse (1978), Saissetia oleae é um inseto da família dos Sternorhynches. Tal como o pulgão ou o psilídeo, não é específico da oliveira, pois vive também noutras plantas, nomeadamente no loureiro-rosa. Quando adulto, mede cerca de 5 mm de comprimento e 4 mm de largura. Tem o aspeto de uma meia-esfera negra colada no interior das folhas, mas sobretudo nos caules jovens, com um ou dois anos (Foto 2-C).

2.1.2.10. Psilídeo da oliveira (Euphyllura olivina):

Esta praga é pequena (2 mm a 2,5 mm) e de cor cinzenta escura. Os adultos passam o inverno e os ovos primaveris são postos em março-abril na face da planta. As larvas produzem uma melada abundante (Coutin, 2003) (Foto 2- A). Outros escaravelhos estão presentes nos pomares, como o Otiorhyncus cibricollis (Foto 2-I), conhecido pelos seus danos nas folhas.

2.1.2.11. Estorninho europeu (Sturnus vulgaris) :

O estorninho europeu (Sturnus vulgaris) pertence à classe das aves, à ordem dos Passeriformes, à família Sturnidae e ao género Sturnus (Berlioz, 1950). O nome francês Étourneau sansonnet não é universal (Cerny et Drachal, 1993), e é comummente designado pelos ingleses como "European starling, Common starling e English starling" (Masterson, 2007). É conhecido pela sua etologia migratória, que o distingue de uma outra espécie, o estorninho comum (Sturnus unicolor) (Etchecopar e Hue, 1964). Embora estas duas espécies partilhem uma grande semelhança morfológica (Pascal e Peris, 1992) (Foto 2-F).

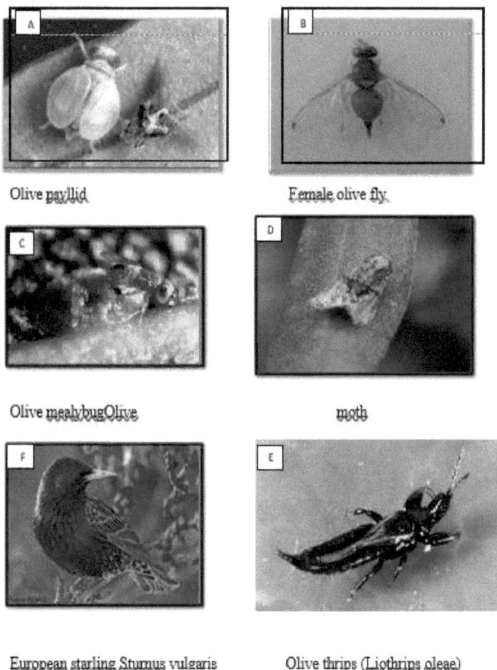

Foto 2: Diversas pragas e doenças da oliveira (INPV, 1994).

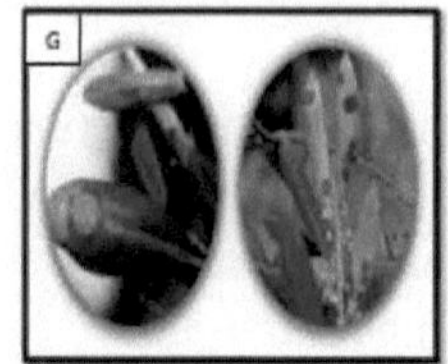

Damage caused by Verticillium dahliae (CTO, 2011)

Peacock eye on leaves (CTO, 2011)

Fumaginia on leaves (CTO, 2011)

Olive longhorned beetle (original)

(Continuação) **Foto 2:** Diversas pragas e doenças da oliveira (INPV, 1994).

CAPÍTULO 3
MATERIAIS E MÉTODOS

No âmbito do desenvolvimento das terras marginais das zonas áridas e semi-áridas, foram lançados pelo Estado projectos de utilização de várias espécies de árvores de fruto. Estas experiências começaram com a introdução da oliveira, do pistácio atlas e de outras espécies. Atualmente, poucos estudos foram realizados sobre a oliveira na nossa região, quer selvagem quer cultivada. O presente trabalho insere-se neste esforço de avaliação dos locais pioneiros deste desenvolvimento. O principal objetivo deste estudo é avaliar o estado sanitário do olival estudado e identificar os vários problemas que afectam esta espécie na nossa região.

3.1. Apresentação da região de estudo :

Situada no coração do país, a 400 km a sul da capital Argel, a região de Laghouat, devido à sua posição geográfica e às suas caraterísticas climáticas, encontra-se na parte central dos nove wilayats pastoris do país. Abrange uma superfície de 25.052 km^2 . É atravessada pela cadeia do Atlas do Sara e faz fronteira a norte com a wilaya de Tiaret, a sul com a wilaya de Ghardaïa, a leste com a wilaya de Djelfa e a oeste com a wilaya de El Bayadh.

3.2. Caraterísticas naturais da região de estudo :

A caraterização física e natural da área de estudo baseou-se na diferenciação das fácies naturais em toda a extensão da área ao longo de um gradiente norte-sul e este-oeste. A identificação das áreas naturais e a determinação das suas caraterísticas foram inspiradas nos resultados da divisão do território nacional em zonas agro-ecológicas homogéneas (BNEDER, 2015) da seguinte forma:

3.2.1 . Zona dos planaltos :

As planícies do interior, que constituem a zona dos planaltos, estendem-se entre o tell e as montanhas pré-saarianas do atlas do Sara. Têm, em média, 200 km de largura e entre 1000 e 1200 m de altitude.

3.2.2 . Zona do Atlas do Sara :

O Atlas do Sara fecha as planícies de estepe a sul, consistindo numa série de cadeias de calcário e marga dobradas, que se estendem desde a fronteira marroquina em Naâma e El-Bayadh até Biskra, a leste.

3.2.3 . Sopé do Atlas :

Esta zona constitui o prolongamento meridional do atlas do Sara e é constituída por contrafortes de planícies de carácter saariano.

3.3 . Caraterísticas climáticas :

O clima da região de estudo é mediterrânico pré-saariano, com uma estação seca quente de verão alternada com uma estação de inverno pouco chuvosa. A diminuição e o aumento da irregularidade das chuvas, o aumento das temperaturas e a duração do período seco estival dificultam o desenvolvimento das plantas com défice hídrico (Le Houérou, 1996).

Os dados climáticos utilizados no nosso estudo são os fornecidos pelo Office national de météorologie (O.N.M) de Laghouat. Estes dados foram recolhidos durante um período de 15 anos, de 2004 a 2018.

3.3.1 . Precipitação :

A precipitação é de importância primordial, pois a quantidade de água que chega ao solo é normalmente o que abastece as árvores. A precipitação varia em função de três parâmetros (Kadik, 2005):

➢ Latitude, uma vez que a pluviosidade diminui de norte para sul..;

➢ A longitude a partir da qual a precipitação diminui de leste para oeste;

➢ A precipitação aumenta com a altitude.

A análise da Figura 3 mostra que a variabilidade interanual é significativa, variando de 66,8 mm para o ano mais seco, 2017, a 285,2 mm para o ano mais húmido, 2010, o que dá uma diferença de 218,4 mm. A precipitação média anual para o período em análise é de 167,83 mm/ano.

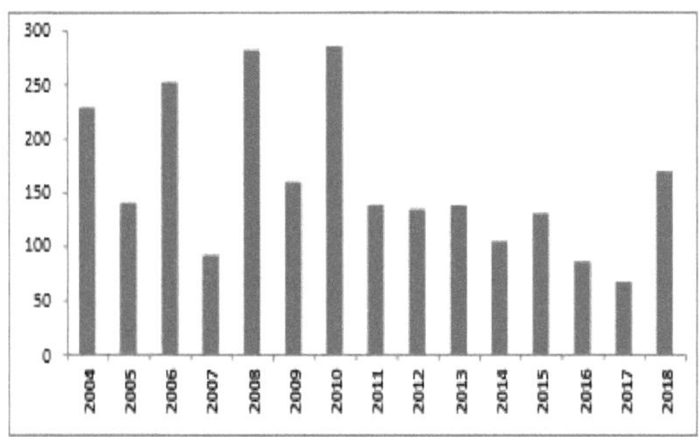

Figura 3: Variabilidade interanual em mm de precipitação na região de Laghouat (2004- 2018)

A precipitação média mensal mostra que setembro é o mês mais húmido com um valor de 26,78 mm e julho é o mais seco com um valor de 6,77 mm (Fig. 4).

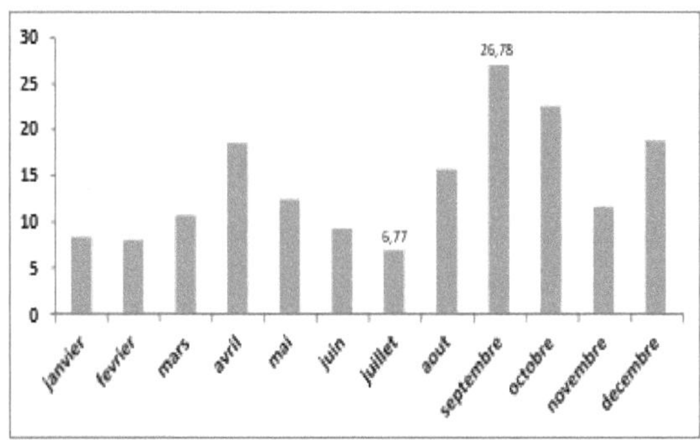

Figura 4: Variação da precipitação média mensal na região de Laghouat (2004-2018).

3.3.2 Temperatura :

Entre os factores que limitam a presença e a distribuição da oliveira, a temperatura é um dos mais decisivos. Cada espécie tem um limiar mínimo ou máximo que lhe permite sobreviver, para além do qual a sobrevivência da espécie pode ficar comprometida (Bentouati, 2006). Na nossa região, a oliveira está exposta a temperaturas que excedem os seus limiares de tolerância, sobretudo no verão. Estas temperaturas induzem um stress hídrico para a espécie. A temperatura média anual é de 18,96°C, o mês mais quente do ano é julho com 30,72°C e o mês mais frio é janeiro com 8,77°C. A temperatura máxima média do mês mais quente "**M**" é de 37,22°C e a temperatura mínima média do mês mais frio "**m**" é de 2,3°C (Tab. 2).

Quadro 2: Temperaturas médias mensais na região de Laghouat (2004-2018)

Mês	Jan	Fev	março	abril	maio	junho	julho	agosto	Sete	outubro	Nov	Dez
T°média	8,77	9,6	13,49	17,72	22,36	27,34	30,72	30,54	25,56	20,17	12,49	8,83
T° máx	15,25	15,63	20,08	24,6	29,32	34,84	37,22	37,88	31,88	26,42	18,26	14,56
T°mín	2,3	3,58	6,9	10,85	15,4	19,84	24,22	23,2	19,24	13,92	6,72	3,11

Fonte : O.N.M ,2019

A amplitude térmica anual (2004-2018) é de 21,95°C. Este valor representa a diferença entre os meses mais quentes e mais frios (Tab. 2).

3.3.3 Vento :

O vento é um fator ecológico muito importante que desempenha um papel na dispersão das sementes. No entanto, os ventos provocam variações de temperatura e de humidade e têm um efeito prejudicial sobre o comportamento das plantas. A frequência do vento actua sobre as plantas, especialmente sobre as suas partes aéreas, aumentando a evapotranspiração (Ozenda, 1983).

Os ventos predominantes na região são os de noroeste. Geralmente, no inverno, trazem chuvas de outono e de inverno. Os sirocos são mais frequentes ao longo do ano. São secos e quentes. No inverno, são bastante raros e devem-se a depressões que afectam a costa argelina. No verão, devem-se à influência do Saara. Os sirocos desempenham um papel essencial na evaporação e secagem dos olivais da nossa região e agravam o stress hídrico.

A velocidade máxima do vento foi registada em abril, com 4,08 m/s (Fig. 5).

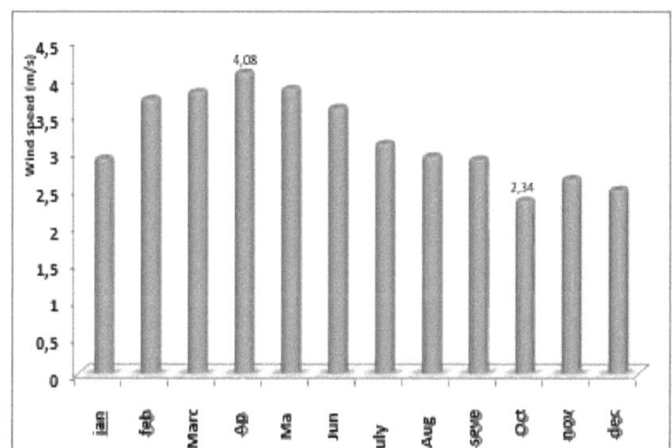

Figura 5: Evolução da velocidade média mensal do vento na região de Laghouat (2004-2018).

Os ventos mais fortes foram registados em 2010, com uma velocidade média de 4,11 m/s, e os mais fracos em 2005, com uma velocidade média de 2,09 m/s (Fig. 6).

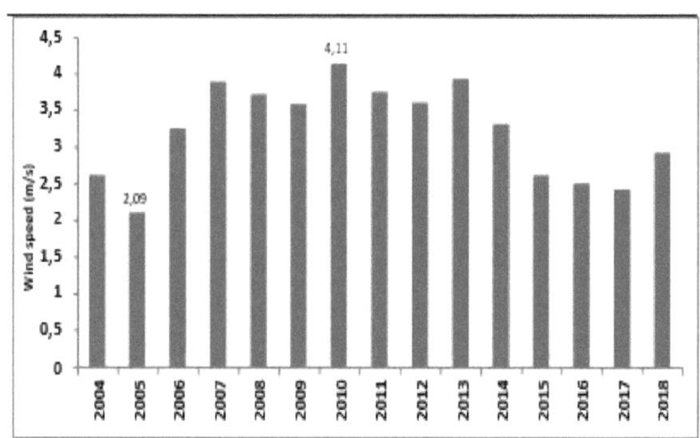

Figura 6: Variação interanual da velocidade do vento na região de Laghouat (2004-2018)

3.3.4 Humidade :

A humidade relativa média anual é de 45,35%, com um mínimo de 25,13% em julho. O seu máximo é registado em dezembro, com um valor de 63,4% (Fig. 7).

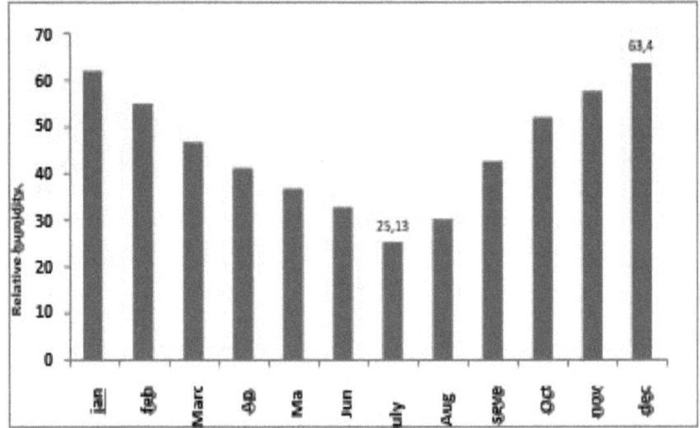

Figura 7: Variação da humidade relativa média mensal na região de Laghouat (2004-2018)

O ano mais húmido foi 2006 com 53,58% e o ano mais seco foi 2016 com uma média de 28,91% (Fig. 8).

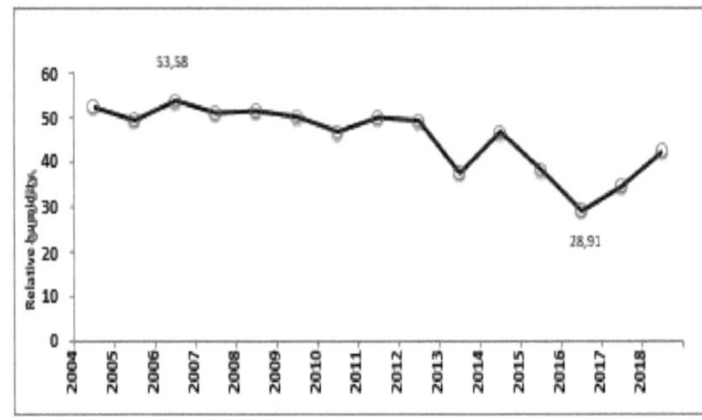

Figura 8: Variação interanual da humidade relativa na região de Laghouat (2004-2018)

3.3.5 Geleia :

Segundo Le Houérou (1995), as geadas são um fator limitativo para as práticas agrícolas e um fator limitativo para a vegetação natural. As geadas impõem um calendário de culturas que deve ter em conta o período de ausência de geadas, principalmente para as culturas hortícolas ao ar livre e a arboricultura de floração precoce, o que restringe a sua utilização às estações mais quentes e menos irrigadas. Quanto à vegetação natural, o seu crescimento é retardado, uma vez que está intimamente ligado à temperatura (CENEAP, 2009). A nossa região regista geadas frequentes e severas no inverno, com uma frequência média de 17,73 dias por ano (Fig. 9).

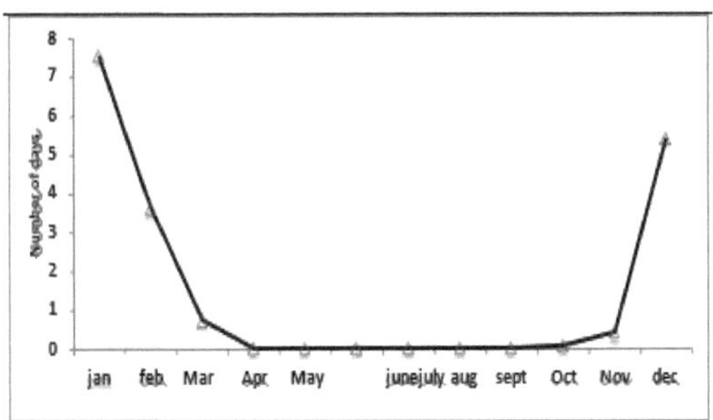

Figura 9: Número médio mensal de dias com geada na região de Laghouat

(2004-2018)

O valor mais elevado de geada foi registado em 2005, com 43 dias, e o mais baixo em 2016, com apenas 4 dias (Fig. 10).

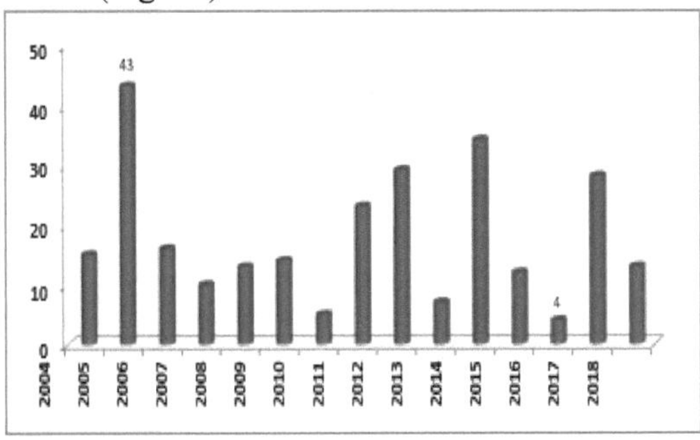

Figura 10: Variação interanual do número de dias com geada na região de
Laghouat (2004-2018).

Os valores mais elevados registados no nosso pomar desde a sua criação (2007) foram 23 dias em 2011, 29 dias em 2012, 34 dias em 2014 e 28 dias de geada em 2017.

3.3.6 . Diagrama umbrotérmico :

O diagrama umbrotérmico de Bagnouls e Gaussen é utilizado, nomeadamente, para assinalar um eventual período de seca biológica numa dada localidade. Este diagrama compara a temperatura e a precipitação mês a mês. Um período do ano é considerado seco quando a precipitação mensal, expressa em mm, é igual ou inferior ao dobro da temperatura, expressa em graus Celsius. O diagrama umbrotérmico é uma forma clássica de apresentar o clima de uma região.

O diagrama umbrotérmico para a região de Laghouat (2004-2018) mostra um período seco que cobre todo o ano (Fig. 11).

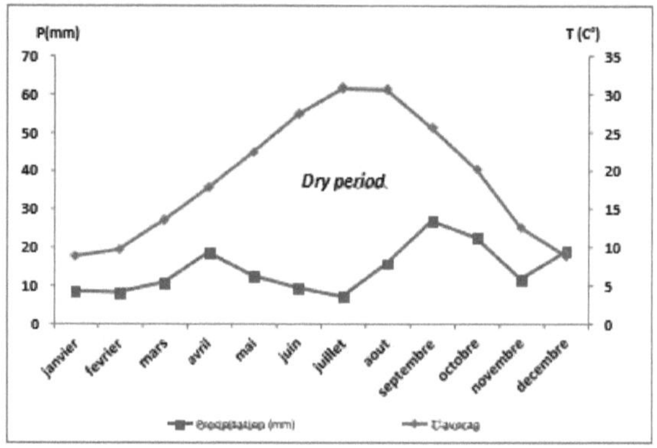

Figura 11: Diagrama umbrotermal de Bagnouls e Gaussen para a região de Laghouat (2004-2018).

3.3.7 . Termómetro de precipitação e climograma de Emberger :

Este quociente foi criado por Emberger especificamente para determinar os tipos de climas mediterrânicos e é calculado através da seguinte fórmula:

$$Q2 = 2000 * P/M^2 - m \,.^2$$

Q2: quociente pluviométrico.

P: precipitação média anual (mm). P(mm) = 167,83 mm.

M: temperatura máxima média do mês mais quente, em graus Kelvin. M= 37,22 °C.

m: temperatura mínima média do mês mais frio, em graus Kelvin. m = 2,3 °C.

T (°k) = T °C + 273.2.

O cálculo do quociente de Emberger deu um valor de 16,41, o que coloca a região num bioclima árido inferior, uma variante térmica com invernos frios (Fig. 12).

Laghouat

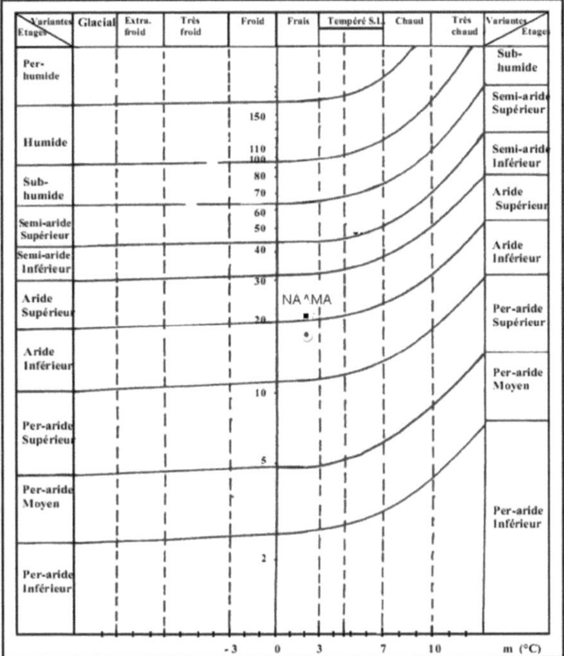

Figura 12: Climagrama de Emberger para a região de Laghouat (Daget, 1977)

3.3.8 . Índice de aridez De Martonne :

Este índice é utilizado para determinar o grau de aridez de uma região através da seguinte fórmula:

$$I = P \,/\, T{+}10$$

P: Precipitação total anual (**P=167**,83 mm).

T: Temperatura média anual (**T=18**,96°C).

O cálculo do índice de De Martonne deu um valor de 5,79, o que classifica a região como tendo um clima árido (Tab. 3).

Tabela 3: Valores do índice de aridez (I) e bioclimas correspondentes :

Valor do índice	Tipo de clima
0<I<5	Hiper-árido
5<I<10	Árido
10<I<20	Semi-árido
20<I<30	Sub-húmido
30<I<55	Húmido
I>55	Por humidade

3.4. Local de estudo:

O local foi escolhido pela sua acessibilidade ao trabalho, situado perto da estrada comunal Bennacer Ben Chohra, e vedado nos seus três outros cantos. O olival de estudo situa-se a 25 km a sul de Laghouat e cobre uma superfície de 25 ha (DSA, 2019). O nosso trabalho foi realizado entre abril e maio de 2019. Optámos deliberadamente por realizar a amostragem numa parcela de oliveiras plantada pelos serviços florestais de Laghouat (Tab. 4 e Fig. 13).

Quadro 4: Coordenadas geográficas do local de estudo

Sítio Web	Latitude	Longitude
Ben nacer ben chohra	33°39'0.49 "N	3° 10' E

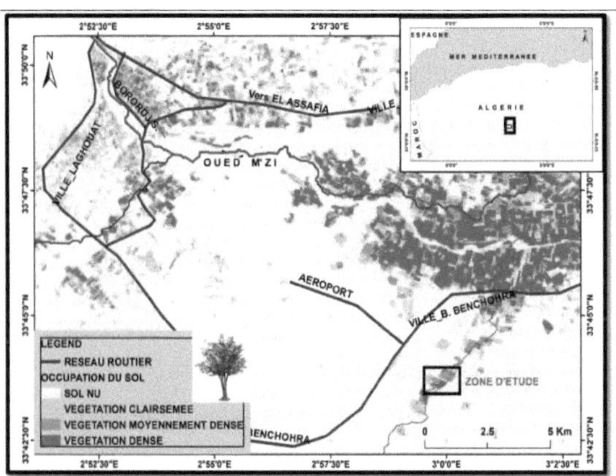

Figura 13: Localização geográfica do local de estudo.

O pomar de oliveiras está plantado numa camada de Anabasis articulata sobre um solo esquelético com uma laje calcária acidentada, onde os nódulos calcários são bem visíveis (Foto 3).

Foto 3: Vista panorâmica do sítio de estudo (original)

A estação caracteriza-se por uma densidade de plantação média. O terreno é rochoso e mal conservado, as árvores são jovens (12 anos) e mal podadas (DSA, 2019) (Placa 2). A variedade cultivada é a Chemlal. Esta parcela já foi submetida a um tratamento fitossanitário durante a nossa experiência (DSA, 2019). As distâncias de plantação aplicadas são de 5 m entre árvores e uma média de 5 m entre linhas de plantação. A técnica de rega utilizada é baseada na rega gota-a-gota com uma rede extremamente degradada onde a água não chega à maioria das árvores.

3.5. Metodologia

Considerámos útil optar por uma amostragem subjectiva, que é definida por Gounot (1969) como "a forma mais simples e intuitiva de amostragem". Consiste em escolher amostras que parecem ser as mais representativas e suficientemente homogéneas (Long, 1974). A amostragem subjectiva foi utilizada para selecionar o local de estudo, com base na sua acessibilidade e na disponibilidade da sua história de plantação. A amostragem aleatória foi utilizada para selecionar as linhas e as árvores a estudar. Realizámos observações e medições na oliveira entre abril e maio de 2019, no auge do período de floração. Todas as medições incidiram sobre os seguintes parâmetros, a fim de caraterizar a população de oliveiras estudada:

3.5.1. Taxa de sucesso :

É o rácio entre a percentagem de indivíduos plantados e bem sucedidos no momento da avaliação e o número de indivíduos plantados durante a operação de plantação. Número de indivíduos bem sucedidos

Taxa de sucesso (%) =x 100

Número de pessoas criadas

A taxa de sucesso é avaliada em parcelas constituídas pelos 103 indivíduos mais próximos (Fig. 14).

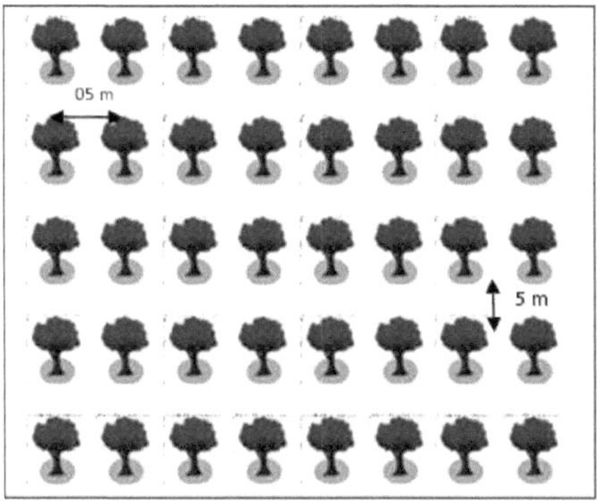

Figura 14: Plano esquemático do local de amostragem (original).

3.5.2. Parâmetros dendrométricos da árvore

Estes parâmetros dão-nos uma ideia do estado de desenvolvimento das plantações. No nosso estudo, estes parâmetros limitam-se a :

1. Altura ;

2. Diâmetros das copas das árvores (pequenas e grandes).

3.5.2.1. Altura da árvore

Com uma fita métrica, medimos a altura da árvore (Blozan, 2008). Para o efeito, foram medidas 102 árvores no local (Foto 4).

Foto 4: Método de estimativa da altura (H) e dos diâmetros da copa D1 e D2

3.5.2.2. Diâmetros dos veios

Os diâmetros grandes e pequenos foram medidos com uma fita métrica para
caraterizar a população e ter uma ideia do volume que é o local da doença (Foto
4). Devido à forma da árvore, foi necessário medir dois diâmetros para obter um
diâmetro médio.

3.5.3. Biometria da folha

As medições das folhas incidiram sobre o comprimento e a largura da folha,
bem como sobre o comprimento do pecíolo. Com um paquímetro (0,01 mm),
efectuámos medições em todas as folhas estudadas (510 folhas), cinco de cada
vez.

(5) folhas para cada árvore (Foto 5).

Foto 5: Técnica de medição dos parâmetros da folha de oliveira

3.5.4. Danos e doenças observados

Durante as duas saídas de campo, foram efectuadas várias observações: a taxa de
sucesso da plantação e o estado sanitário dos indivíduos, que consistiu em
identificar os agentes patogénicos ou as deficiências em função das anomalias
observadas no local (enrolamento das folhas, cor das folhas, folhas com

borbulhas, forma da folha, etc.). limbo). Todas as observações incidiram sobre as folhas, os ramos e os troncos. No entanto, o período dos nossos inquéritos não coincidiu com a fase de frutificação, o que infelizmente nos impediu de assinalar qualquer praga ou doença que afecte esta parte da planta. M. Amara e M. Kouidri foram responsáveis pela identificação dos danos.

3.6. Análise estatística

A análise envolveu a estatística descritiva de todos os parâmetros medidos, com a média, o desvio-padrão e os extremos (Avg ± Sd (min- max)), juntamente com o coeficiente de variação (CV%), que dá uma ideia da homogeneidade dos parâmetros medidos. As correlações significativas entre os vários parâmetros são também mencionadas e interpretadas. Utilizámos a correlação de Pearson com um intervalo de confiança de 95%. Estas análises estatísticas são obtidas utilizando o software **Statistix** 8 em Windows e as ilustrações em **Excel** 2007.

CAPÍTULO 4

RESULTADOS

4.1.Taxa de sucesso

O cálculo da taxa de sucesso da plantação de oliveiras no nosso pomar revelou um valor de 99,02 %. No pomar como um todo, observámos apenas dois indivíduos mortos, incluindo um na nossa parcela de amostragem.

4.2.Parâmetros biométricos

Os principais resultados obtidos a partir da medição dos parâmetros biométricos das 102 árvores estudadas são apresentados no quadro (5).

Quadro 5: Principais parâmetros biométricos medidos no olival

Parâmetro medido	Média ±SD	Mínimo	Máximo	Coeficiente de variação
Altura total em m	1,87 ± 0,29	1,10	2,75	15,81
Grande diâmetro em m	2,24 ± 0,44	1,10	3,30	19,77
Diâmetro pequeno em m	2,03 ± 0,42	1,00	3,20	20,69

4.2.1. Altura da árvore

A altura média medida no local foi de 1,87 ± 0,29 m, variando entre 1,1 m e 2,75 m (Tab. 5). Isto representa uma variação de 15,81%, o que mostra que as alturas de todos os indivíduos medidos são semelhantes.

4.2.2. Grande diâmetro :

O diâmetro maior registado para todos os indivíduos é de 2,24±0,44 m. Varia entre 1,1 m e 3,30 m com um coeficiente de variação (CV%) de 19,77% (Tab.5).

4.2.3. Pequeno diâmetro :

O diâmetro pequeno medido para todos os indivíduos é de 2,03 ± 0,42 m. Varia entre 1,00 m e 3,20 m com um coeficiente de variação (CV%) de 20,69% (Tab.5).

4.3. Biometria da folha

Todas as medições efectuadas nas folhas de oliveira são apresentadas no quadro 6.

Quadro 6: Principais parâmetros biométricos foliares medidos no olival

Parâmetro medido	Média ±SD	Mínimo	Máximo	Coeficiente de variação
Comprimento da folha cm	1,93 ± 0,23	1,32	2,74	12.15
Largura da folha cm	0,25 ± 0,10	0,06	0,46	42,22
Comprimento do pecíolo cm	0,08 ± 0,09	0,026	0,64	115%

4.3.1. Comprimento da folha

O comprimento médio das folhas medido no local foi de 1,93 ± 0,23 cm, variando entre 1,32 m e 2,74 cm de comprimento (Tab. 6). Isto representa uma variação de 12,15%.

4.3.2. Largura da folha

A largura média das folhas medidas foi de 0,25 ± 0,10 cm, variando de 0,06 cm a 0,46 cm (Tab. 6). Existe uma grande variação de 42,22%. Encontrámos uma correlação positiva e estatisticamente significativa entre a largura e o comprimento da folha (r=0,52; ddl=501; p≤0,0001) (Fig. 15). O crescimento da folha está num estado fisiológico normal.

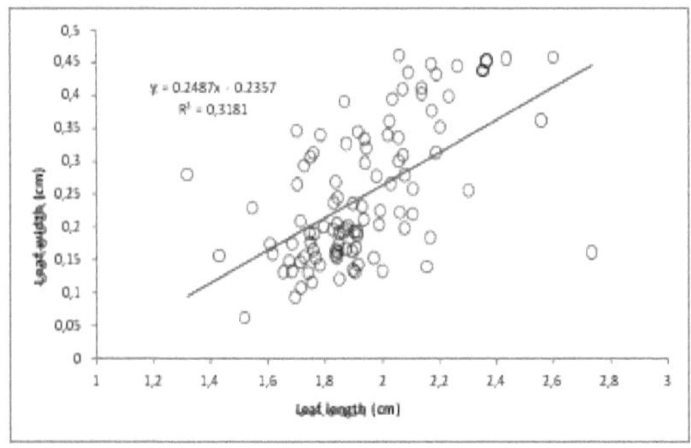

Figura 15: Relação entre o comprimento e a largura da folha

4.3.3. Comprimento do pecíolo

O comprimento médio dos pecíolos é de 0,08 ± 0,09 cm, variando entre 0,026 cm e 0,64 cm de comprimento (Tab. 6). Existe uma variação muito grande nas medições, da ordem dos 100%, o que reflecte um elevado grau de heterogeneidade nas nossas medições para este parâmetro. Encontrámos uma correlação positiva e estatisticamente significativa entre o comprimento do pecíolo e a largura da folha (r=0,67; ddl=501;p≤0,0001) (Fig. 16).

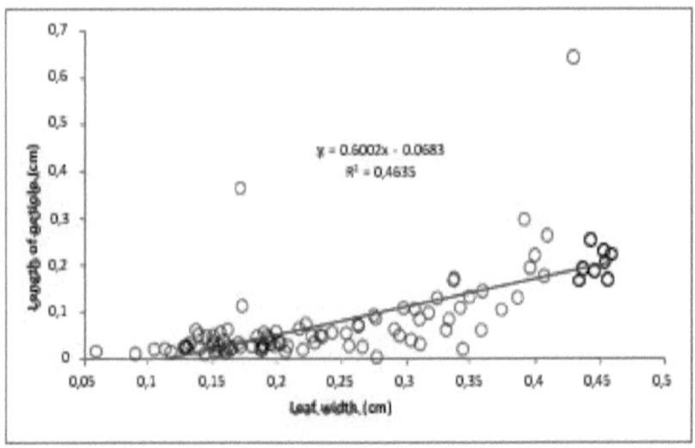

Figura 16: Correlação entre a largura da folha e o comprimento do pecíolo

Existe também uma relação positiva e altamente significativa entre o comprimento do pecíolo e o comprimento da folha (r=0,37; ddl=501; p=0,0015); folhas mais longas têm pecíolos mais longos (Fig. 17).

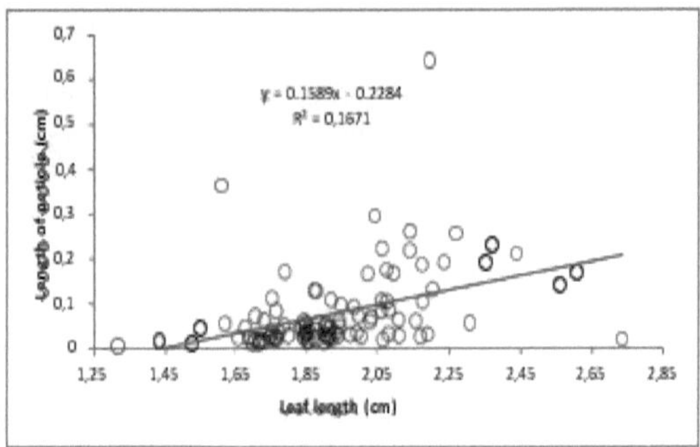

Figura 17: Correlação entre o comprimento da folha e o comprimento do pecíolo

4.4. Parâmetros de danos e doenças

A extensão dos danos e das doenças no olival estudado é ilustrada na figura seguinte.

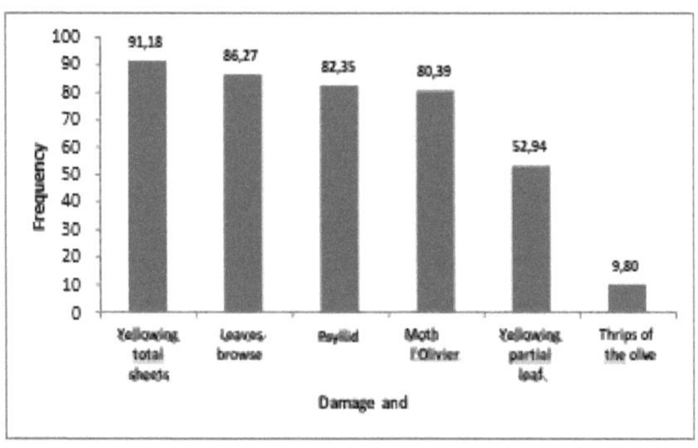

Figura 18: Principais danos e doenças da oliveira, por ordem de importância, no local de estudo

Verificámos que existem dois tipos de danos: doenças fisiológicas causadas por factores ambientais (abióticos), como a seca ou a falta de elementos, e outras doenças causadas por agentes patogénicos ou insectos (bióticos). Por ordem de importância, estas incluem :

a) Amarelecimento total das folhas: Este é o 1er fenómeno observado nas oliveiras do nosso pomar, com uma taxa de 91,18% de todas as árvores (Fig. 18 e Foto 6). Este fenómeno é o resultado de uma falta de água para a planta;

Amarelecimento das folhas

Foto 6: Amarelecimento total das folhas (original)

b) Pasto das folhas: causado por Otiorhyncus cibricollis, é o $2^{\text{ème}}$ fenómeno que afecta as oliveiras do nosso pomar, com uma taxa de infestação de 86,27% do total das árvores. Consome as folhas, provocando reentrâncias marginais caraterísticas (Fig. 18 e Foto 7).

Foto 7: Danos provocados por Otioryhucns cibricollis (folhas percorridas)(original) Existe uma correlação positiva e altamente significativa entre a presença de Otioryhucns cibricollis e a presença de Otioryhucns cibricollis. Otiorhyncus cibricollis e o amarelecimento total das folhas (r=0,25; ddl=101; p=0,03) (Fig. 19). As árvores afectadas por Otiorhyncus cibricollis também sofrem de défice hídrico.

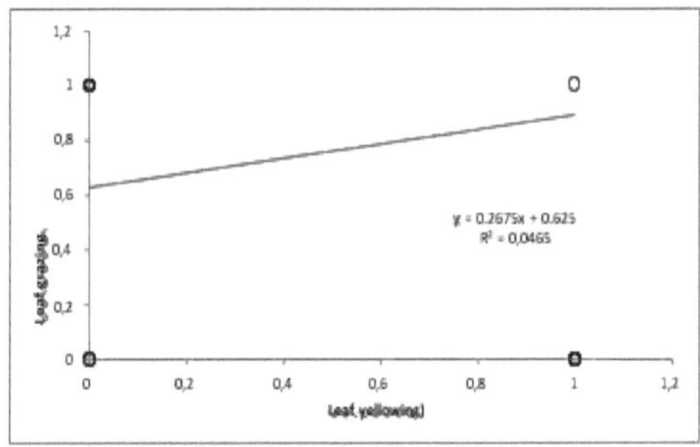

Figura 19: Relação entre o amarelecimento das folhas e Otiorhyncus cibricollis

c) Psilídeo (Euphyllura olivina): Este é o $3^{\text{ème}}$ fator que mais afecta as oliveiras do nosso pomar, com uma taxa de infestação de 82,35% de todas as árvores (Fig. 18 e Foto 8).

Foto 8: Psilídeo da oliveira (original)

d) Traça da azeitona (Prays oleae): É o 4ème fator que mais influencia as oliveiras do nosso pomar, com uma taxa de infestação de 80,39% de todas as árvores (Fig. 18 e Foto 9).

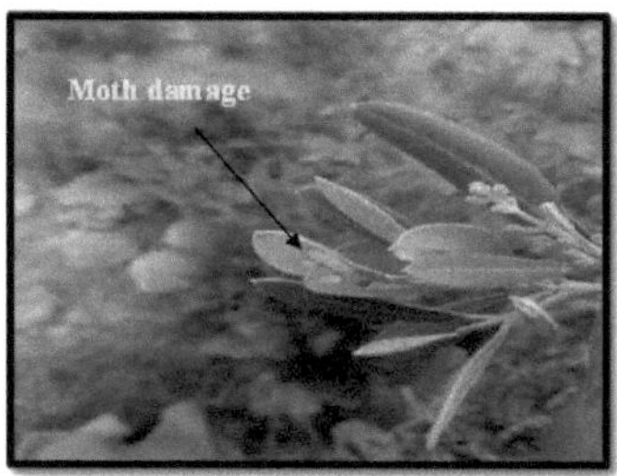

Foto 9: Danos causados pela traça (original)

Verificou-se uma correlação positiva estatisticamente significativa entre o amarelecimento das folhas e a traça da azeitona (r=0,27; ddl=101; p=0,02); as árvores mais afectadas pela traça foram também as mais afectadas pelo amarelecimento das folhas (Fig. 20).

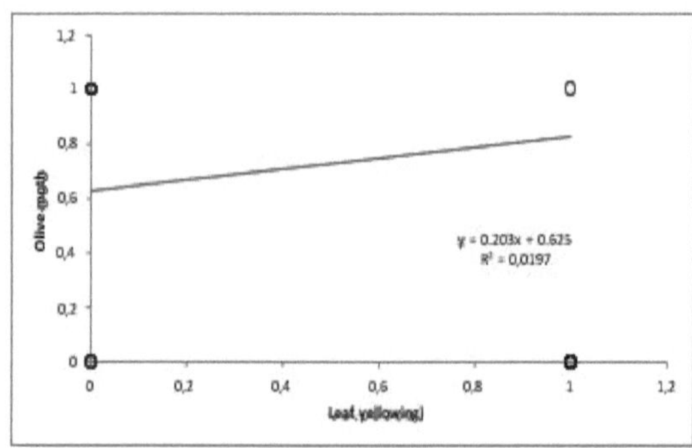

Figura 20: Relação entre a traça da oliveira e o amarelecimento total das folhas

A presença da traça também está negativamente correlacionada com o comprimento da folha (r=-0,33; ddl=101; p=0,0041) (Fig. 21).

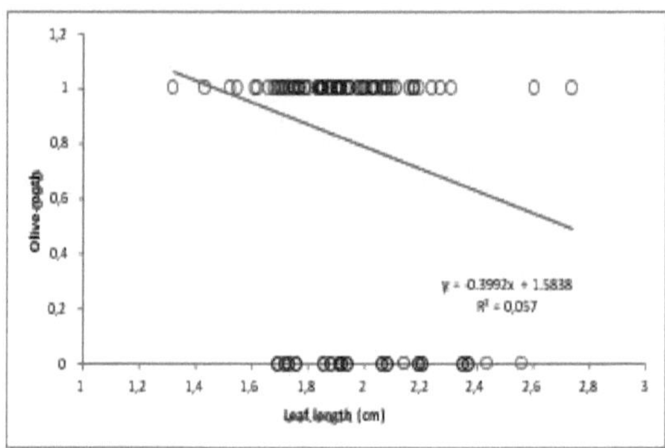

Figura 21: Relação entre a traça da oliveira e o comprimento das folhas

Outra relação negativa entre a traça da oliveira e a largura da folha (r=- 0,37; ddl=101; p=0,0013) (Fig. 22).

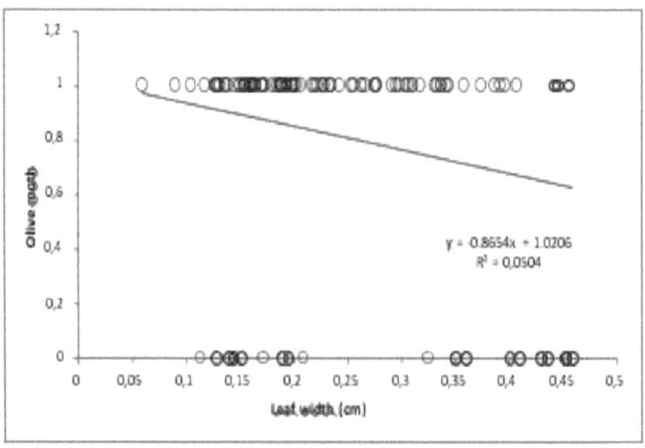

Figura 22: Relação entre a traça da oliveira e a largura das folhas

Também se registou uma relação negativa entre Prays oleae e o comprimento do pecíolo (r=-0,36; ddl=101; p=0,0017) (Fig. 23).

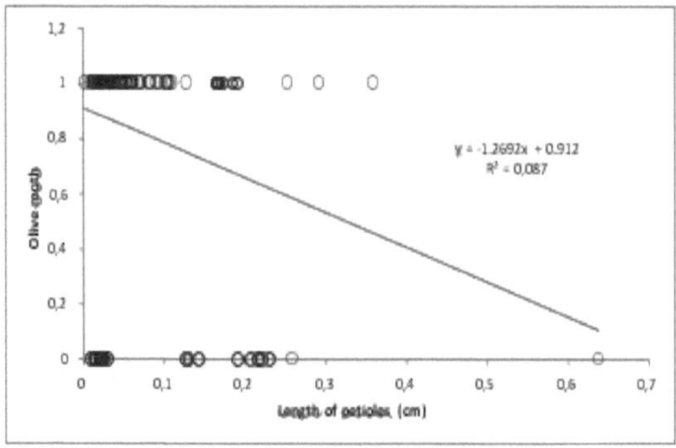

Figura 23: Relação entre a traça da azeitona e o comprimento do pecíolo

A traça-da-oliveira afecta as folhas mais jovens, que são as mais fracas em comprimento, largura e pecíolos. A presença da traça-da-oliveira está positivamente correlacionada com a presença de Otiorhyncus cibricollis (r=0,48; ddl=101; p≤0,0001) (Fig. 24).As árvores que contêm a traça também albergam Otiorhyncus cibricollis.

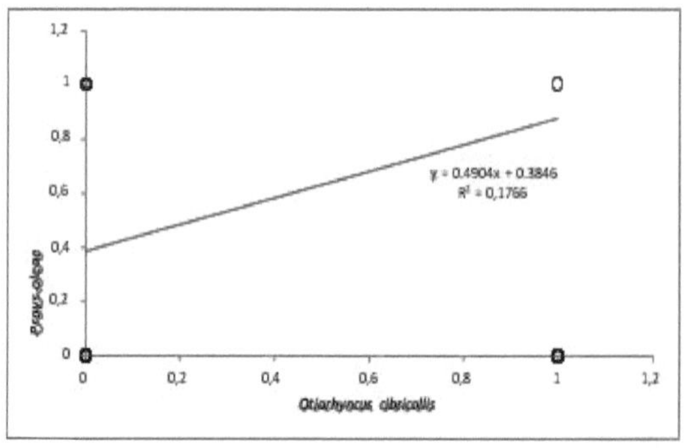

Figura 24: Correlação entre a traça da azeitona e o Otiorhyncus cibricollis

e) Amarelecimento parcial das folhas: causado por carência de potássio. Este é o 5ème fator que caracteriza as oliveiras do nosso pomar, com uma taxa de infestação de 52,94% do total de indivíduos (Fig. 18 e Foto 10).

Foto 10: Sintomas de deficiência de potássio (amarelecimento parcial) (original)

f) Tripes da oliveira (Liothrips oleae)**:** É o 6ème fator que mais afecta as oliveiras do nosso pomar, com uma taxa de infestação de 9,80% de todas as árvores (Fig. 18 e Foto 11).

Figura 11: Deformação das folhas causada pelo tripes da oliveira

CAPÍTULO 5

DISCUSSÃO

As oliveiras, como todas as outras culturas arbóreas, são atacadas por uma série de pragas (insectos, ácaros, fungos e bactérias) (Tahraoui, 2017). Tahraoui refere que foram identificadas 77 espécies de artrópodes nas oliveiras do oeste da Argélia. Estas incluem pragas como a Saissetia olea, o polinizador Apis mellifera e predadores como o Pnigaleo mediterraneus. Hosni (2006) refere a presença de 14 espécies de insectos na oliveira. 5 delas são pragas, como Psylla oleae, Saissetia oleae e Bactrocera oleae. As outras pragas são predadoras, como Coccinella septempuctata e Chrysopa vulgaris. Part (1997) refere que mais de 60 espécies conhecidas de insectos vivem na oliveira no Mediterrâneo, das quais cerca de 15 a 20 espécies são parasitas permanentes ou ocasionais. Cautero (1965) in Gaouar (1996) enumera cerca de 250 inimigos principais referidos por vários autores. Estes incluem 90 fungos, 5 bactérias, 3 líquenes, 4 musgos, 3 angiospérmicas, 11 nemátodos, 110 insectos, 13 aracnídeos, 5 aves e 4 mamíferos. Daane et al (2005) referem que, na Argélia, a cochonilha negra Saissetia oleae, a cochonilha Pollinia pollini e a cochonilha violeta Parlatoria oleae são as pragas mais comuns e mais graves da oliveira. Coutin (2003) refere que as pragas que causam mais danos às oliveiras são a mosca da azeitona (Bactrocera oleae), a cochonilha negra (Saissetia oleae) e a traça (Prays oleae). No presente estudo, encontrámos as seguintes pragas, por ordem de importância: Otiorhynchus olivícola (Otiorhyncus cibricollis), Psilídeo (Euphyllura olivina), Traça da oliveira (Prays olae) e Tripes da oliveira (Liothrips oleae). No entanto, Hobaya e Bendimerad (2012) em Tlemcen, citaram as principais pragas por ordem de importância dos danos, Saissetia oleae (40%), Bactocera oleae (25%), Sturnus vulgaris (15%), Liothrips oleae (15%), Otiorhyncus sp. (5%) e Cribricolis sp. (5%). As constatações deste último autor são o resultado de várias épocas de controlo. A ausência de algumas pragas pode também ser explicada pela posição ecológica da estação de estudo; muitos autores salientam a importância das estações e o seu impacto na taxa de infestação. De facto, Delrio e Cavalloro (1977) e Jerraya et al (1982) afirmam que os ataques são maiores nas zonas costeiras do que no interior dos países. Gaouar (1989) refere que uma seca severa agravada por siroccos muito frequentes reduz a taxa de infestação por estas pragas.

Mosca verde-oliva

De acordo com Bonnemaison (1962) e Hobaya e Bendimerad (2012), a mosca da azeitona é a principal praga da oliveira, e um dos insectos parasitas mais temidos nos olivais. Hmimina (2009) refere que, no seu ciclo de desenvolvimento, as primeiras moscas voam cedo (fevereiro a março), mas se não houver azeitonas, morrem sem se reproduzirem. Este facto explicaria a ausência destas últimas durante o período da nossa amostragem.

Inseto da cochonilha negra

Alford (1994) refere que a cochonilha negra (Saissetia oleae) é uma das principais pragas da oliveira. Não causa danos diretos como a mosca ou a traça, mas pode provocar um enfraquecimento muito grave das árvores afectadas. No entanto, não encontrámos esta espécie no nosso pomar.

Traça da azeitona :

De acordo com Jardak et al (2000), a traça é a primeira praga importante a ser observada sob as folhas das oliveiras em março. Esta praga pode causar perdas significativas nas culturas. De acordo com Loussert e Brousse (1978) e Jardak et al (2000), o ciclo de desenvolvimento é uma sucessão de três gerações. A primeira geração é a primeira geração, que se desenvolve sob a forma de galerias sinuosas. A segunda geração Conhecida como antofágica, as traças que nascem das lagartas da primeira geração põem os seus ovos no cálice dos botões florais em abril-maio, após o que as lagartas eclodem (Loussert e Brousse,

1978). Segundo Bonifácio (2009), são as lagartas que causam todos os estragos. As lagartas da geração 1ère alimentam-se dos botões florais, causando problemas de fecundação e de frutificação. No nosso caso, a traça (Prays olae) é a terceira praga mais comum da oliveira, depois da traça da azeitona (Otiorhyncus cibricollis) e do psilídeo da azeitona (Euphyllura olivina).

Psilídeo da oliveira

Segundo Jardak et al (1984), o desenvolvimento dos psilídeos dá origem a sintomas espectaculares caraterísticos (cachos cotonosos, melada e cera). Os danos resultantes em caso de densidade populacional elevada são, por um lado, diretos, provocando o aborto dos cachos de flores ou a sua murcha e queda, o que leva a uma redução da taxa de frutificação, e, por outro lado, indirectos, provocando um enfraquecimento da planta através do desenvolvimento de fumagina na sequência da secreção de melada pelas larvas. No entanto, Ksantini (2003) salienta que é importante aplicar uma poda adequada para arejar a árvore e, em particular, os cachos de flores. Infelizmente, esta ação é totalmente inexistente no nosso pomar, que não foi objeto de qualquer poda.

Azeitona Otiorhynchus

Segundo o INRA (2010), a biologia de Otiorhyncus mostra que é infaunal à oliveira, mas altamente polífaga. O adulto ataca habitualmente as Rosáceas frutíferas, os Citrinos, o Algodão e a Alcachofra. As larvas vivem das raízes da luzerna e da artemísia (Artemisia). Os adultos, que aparecem no final de maio, são noturnos. O I.N.P.V. (2010) sublinha que os danos causados pelas larvas são insignificantes quando comparados com os causados pelos adultos. Nas oliveiras, as folhas são cortadas por entalhes nos bordos. Durante surtos excepcionais, o ataque pode resultar numa desfoliação total. Pala et al (1997) referem que as condições climáticas (humidade relativa elevada, temperaturas amenas), combinadas com a falta de manutenção sob as árvores, especialmente em plantações intensivas e irrigadas, favorecem a multiplicação de

Otiorrhynche.

Tripes

De acordo com Hmimina (2009), os tripes são insectos de 1 a 2 mm de comprimento que picam os órgãos das plantas para se alimentarem do conteúdo celular. Duriez (2001) relata que a folhagem das plantas afectadas é marcada por pequenas manchas cinzentas que, com o tempo, adquirem o aspeto de estrias prateadas. Os rebentos jovens, as flores e os frutos tornam-se deformados, depois necróticos, e as folhas acabam por secar. Os tripes são insectos minúsculos e discretos, difíceis de observar. Os tripes podem enfraquecer a árvore e transmitir doenças virais, como a mancha castanha do tomateiro (que pode afetar muitas plantas). Segundo Civantos (1995), a prevenção baseia-se num princípio simples: humidificar. Os tripes não se desenvolvem quando há humidade suficiente. O mesmo autor salienta que a luta biológica integrada é igualmente interessante. Certos insectos (várias espécies do género Orius), certos ácaros (como o Amblyseius cucumeris) e um nemátodo (Steinernema feltiae) são predadores naturais dos tripes. É de notar que, no nosso caso, os órgãos mais afectados são as folhas e as inflorescências. Geralmente, as folhas e os frutos são os mais visados pelas pragas (Afiol, 2001; Al Ahmed e Al Hamidi, 1984; Hobaya e Bendimerad, 2012).

Deficiências

As folhas são também bons indicadores do estado de saúde da árvore; o amarelecimento total ou parcial das folhas observado nas oliveiras do nosso estudo parece ser a repercussão da influência de um problema fisiológico nestas árvores. O amarelecimento parcial ou total, seguido de queda das folhas, parece ser o resultado de uma irrigação deficiente, o que já foi observado durante as nossas saídas. Segundo Belguerri (2016) e Dib (2017), em caso de carência de potássio na oliveira, os sintomas aparecem nas folhas e começam com uma clorose da parte apical. A descoloração da folha progride em direção à base, dando à lâmina foliar uma cor bronzeada. O potássio regula o metabolismo hídrico da planta em condições de seca (stress hídrico) (Dib, 2017). A clorose apical das folhas pode ser confundida com a carência de boro (foi observada no campo); esta última afecta apenas as pontas das folhas. A disponibilidade de boro no solo diminui em condições de seca e em solos com pH elevado, nomeadamente em solos calcários (Belguerri, 2016). Estes últimos problemas requerem análises químicas do solo e das folhas para ajudar a resolver este tipo de carência.

CONCLUSÃO

O nosso estudo foi realizado entre abril e maio de 2019 num olival situado a sul de Laghouat. Os resultados revelaram que as árvores sofrem de vários problemas de origem abiótica e outros de origem biótica. As medições efectuadas em oliveiras individuais (102 árvores) mostram uma taxa de sucesso de 99,02% e que a sua altura média após 12 anos de plantação não excede 1,87 ± 0,29 m. Os seus diâmetros foram em média 2,24 ± 0,44 m e 2,03 ± 0,44 m, respetivamente.± 0,42m para os diâmetros grandes e pequenos.A biometria das folhas mostra um comprimento médio de 1,93 ± 0,23 cm e uma largura média de 0,25 ± 0,10 cm com um pecíolo de 0,08 ± 0,09 m de comprimento. As principais pragas observadas durante o período de estudo foram o otiorquídeo da oliveira (86,27% de taxa de infestação), o psilídeo da oliveira (82,35%) e a traça da oliveira (80,39%), que ataca as folhas mais jovens. Os sintomas observados nas folhas das oliveiras estudadas indicam uma seca persistente (91,18% das árvores com folhas amarelas) e uma possível carência de alguns elementos (potássio, boro, etc.), o que implica a necessidade de efetuar uma avaliação da fertilização para corrigir a situação deste pomar. Este estudo constitui uma primeira contribuição para a avaliação do estado sanitário das plantações de oliveiras de desenvolvimento. Deve ser acompanhado ao longo do ano, noutras parcelas e noutras espécies. É um instrumento precioso nas mãos dos decisores, facilitando a tomada de decisões de gestão acertadas em projectos de interesse económico.

REFERÊNCIAS

Alford D. V., 1994. Pragas das plantas ornamentais - versão francesa. Ed. INRA, 464 p.

Argerson C., 2008. A olivicultura no mundo, produção e tendências, le nouvel Olivier, p. 11.

Artaud M., 2008. L'olivier sa contribution dans la prévention et le traitement du syndrome métabolique. Ed. C.O.I., 30 p.

Assawah M.W., Ayat M., 1985. Sobre certas doenças das oliveiras na região de Oran. Premières Journées Scientifiques de la Société Algérienne de Microbiologie. abril, Instituto Pasteur, Argel, Argélia,

Bardbury, J. F., 1986. Guide to Plant Pathogenic Bacteria. Instituto Micológico Internacional CAB. Kew, Reino Unido. 332p.

Belguerri H., 2016. Contribuição para o estudo do efeito da rega e da fertilização azotada e potássica no desempenho produtivo e qualitativo da oliveira superintensiva. Tese de doutoramento Univ. de Lleida, 166p.

Belhoucine S., 2003 - Estudo da viabilidade de um controlo biológico do mouche do olival em cinquenta estações da wilaya de Tlemcen. Tese de Mestrado, Univ. Tlemcen, 94 p.

Bellahcene M, 2004. La verticilliose de l'olivier: étude épidémiologique et diversité génétique de Verticillium dahliae Kleb, agent de la verticilliose. Tese de doutoramento, Universidade de Oran, Argélia, 145 p.

Bellahcene M.; Fortas Z.; Fernandez D.; Nicole M., 2005a. Compatibilidade vegetativa de Verticillium dahlia isolado de oliveiras (Olea europea L.) na Argélia. Afric. J. Biotechn. 4(9): 963-967.

Bellahcene M., Assigbetsé K., Fortas Z., Geiger J.P., Nicole M., Fernandez

D., 2005b. Genetic diversity of Verticillium dahliae isolates from olive trees in Algeria (Diversidade genética de isolados de Verticillium dahliae de oliveiras na Argélia). Phytopathol. Mediterr. 44: 566-274.

Berlioz C., 1950 - Les produits agrochimiques en oléiculture et leur impact sur l'environnement. Olivæ, n°65, p.p. 32-39.

Boutkhil S., 2012. As principais doenças fúngicas da oliveira (Olea europea) na Argélia: distribuição geográfica e importância. Tese Mag. Univ. Oran, 133 p

Brikci N., 1993. Eficácia de um tratamento inseticida optimizado contra a praga da oliveira Dacus oleae na região de Tlemcen. Mémoire D.E.S biologie,

CIHEAM, 1988. L'olive de table comme production alternative à la production d'huile d'olive pp. 187 - 191.

Coutin R., 2003 - Les insectes de l'olivier. Insectes, 1 9 (3) : 1 3 0.

Daget P. H, 1988. Um elemento atual da caraterização do mundo mediterrânico: a ligação do PNTTA. N°152.p1. Escola Nacional de Agricultura, Meknès, Reino de Marrocos. Amouretti e Comet, 2000

Diab N. e Deghiche L., 2014. Artrópodes presentes em uma cultura de azeitona nas regiões do Saara, caso da planície de El outaya, décima conferência internacional sobre pragas na agricultura departamento de agronomia, universidade Mohamed Kheider. Biskra. Argélia 6p

Direção dos Serviços Agrícolas da wilaya de Laghouat (D.S.A.), 2019. Relatório sobre a plantação de oliveiras na região de Laghouat. 2p.

Djadoun S., 2011, Influence de l'hexane acidifient sur l'extraction d'huile de grignon d'olive assistée par microondes. Tese de mestrado, Univ. Mouloud Mammeri, Tizi Ouzou, 87 p.

Duriez J. M., 2001. Guia do plantador de oliveiras. Ed. Laguedoc-Roussillon, 22 p.

Gadan, L., Bollet, C., Abu Ghorrah, M., Grimont, F. e Gimont, P. A. 1992. Relação de ADN entre as estirpes patogénicas de Pseudomonas syingae subps. savastanoi. Janse (1982) e poposal de Pseudomonas savastanoi sp. Nov. International Jiurnal of Systematic Bacterioilogy. **42** :606-12.

Gaouar N. e Debouzie D., 1991 - Danos causados pela mosca da azeitona Dacus oleae Gmel. (Diptera- Tephritidae) na região de Tlemcen, Argélia. J. App. Ent, (112): 288-297

Gaouar-Benyelles N., 1996 - Apport de la biologie des populations de la mouche de l'olivier Bactrocera (Dacus) oleae Gmel (Ditera: Tephiritdae) à l'optimisation de son contrôle dans la région de Tlemcen. Tese de doutoramento. Universidade de Tlemcen, Argélia, 116 p.

Gazeau G., 2012. Fertilisation des Olivers (9): 4p.

Henry S., 2003. L'huile d'olive, son intérêt nutritionnel, son utilisation en pharmacie et en cosmétique. Diplôme d'Etat de docteur en pharmacie, Univ. Henri Poincaré, 127 p.

Hmimina M., 2009a. Mosca da oliveira, transferência de tecnologia na agricultura.(183) : 4.p

Hmimina M. 2009b. As principais pragas da oliveira, a mosca, a traça, o psilídeo e a cochonilha. Bula. Men. Inf. et Liaison du PNTTA, 4 p.

Hobaya O. e Bendimerad M., 2012. Contribution à l'étude des ravageurs de l'Olivier Olea europeae à Tlemcen. Mémoire d'ingénieur d'Etat en Agronomie, Universidade de Tlemcen, 78 p.

Hosni A., 2006. Inventário da praga em algumas culturas perenes de oliveiras e citrinos, estudo específico da taxa de infestação na região de Tlemcen. Dissertação de engenharia agronómica, Univ. Tlemcen, 76 p.

Iguergaziz N., 2012. Ensaio de desenvolvimento de um alimento sob a forma de pastilhas de tâmaras inteiras e/ou sem açúcar adicionadas de extrato aquoso de folhas de oliveira argelina. Tese de Mag. Univ. M'hamed Bougara, Boumerdas, 129 P.

I. N. P. V. (Instituto Nacional de Proteção dos Vegetais), **1994**. Ficha técnica dos inimigos do olival para os diferentes estratos, 5 p.

I. N. P. V. (Instituto Nacional de Proteção dos Vegetais), **2009**. Ficha técnica sobre Bactocera oleae, 2 p..

Jardak T., Jarraya A., Ktari M. e Ksantini M., 2000. Ensaios de modelação da traça da azeitona, Prays oleae (Lepidoptera, Hyponomeutidae). Olivæ, (83): 22 Ŕ 26.

Kasraoui F., 2010. Estudo prático das necessidades da oliveira. Mémoire d'ing. Agronomia, Univ. Tlemcen 40 P.

Khris B., 2013. Agricultura : performances pour l'oléiculture et l'agrumiculture en 2013, Rédaction radio net, 2 p.

Labaali K., 2009. Caraterísticas químicas do solo da oliveira no final da floração e início da frutificação. Mémoire ing. Agronomia, Univ. Cadi Ayad, Marraquexe, 56 p.

Loussert e Brousse G., 1978. L'olivier technique agricole et production Méditerranéenne. Ed. Maisonneuvre et Lorose, 468 p.

Masterson P., 2007. Olive pests and their control in the Near East (Pragas da oliveira e seu controlo no Próximo Oriente). Documento da FAO, 178

Mary, B., Recous, S., Darwis, D., e Roben, D. (1996). Interações entre a decomposição de resíduos vegetais e o ciclo do azoto no solo. Planta e solo 181: 71.82.

Gabinete Nacional de Meteorologia (ONM). (2019). Dados meteorológicos de Laghouat. 7p

Pascal F. et Peris N., 1992- Les produits agrochimiques en oléiculture et leur impact sur l'environnement. Olivæ, (65) : 32-39p., 606 p.

Philippe, L. 2007. Procariotas fitopatogénicos. Capítulo 4 fitopatologias. Ed Feeman, Nova Iorque. 432p.

Rahmani M., 1989. O papel dos pigmentos de clorofila na fotooxidação do azeite virgem. Olivae, (26): 30 - 32.

Rahmani A et al., 1998. Contribution à l'élaboration d'un schéma directeur d'assainissement en milieu rural. Município de Terny (Wilaya de Tlemcen). Ing. Hydr.Univ.Tlemcen.82p

Saad D., 2009. Estudo das endomicorrizas da variedade Sigoise de oliveira (Olea europea L.) e ensaio da sua aplicação em estacas semi-lenhosas. Mém. Magister, Univ. Oran, 98p.

Sasanelli, N., 2009. Nemátodos da oliveira e seu controlo, Instituto de Proteção Fitossanitária CNT. Gestão dos nemátodos das fruteiras e das florestas. 275-315.

Sekour B., 2012. Phytoprotection de l'huile d'olive vierge (H.O.V) par ajout des plantes végétales (thym, ail, romarin). Tese de mestrado, Univ. M'hamed Bougara, Boumerdas,110 p.

Tahraoui A., 2015. Inventário da fauna entomológica associada às oliveiras na região de Tlemcen. Mém. Master , unvi. Tlemcen p55.

Printed by Books on Demand GmbH, Norderstedt / Germany